eビジネス新書

No.433

週刊 東洋経済

独走トヨタ 迫る試練

JN046765

週刊東洋経済 eビジネス新書 No.433

独走トヨタ 迫る試練

本書は、東洋経済新報社刊『週刊東洋経済』2022年8月6日号より抜粋、加筆修正のうえ制作しています。情報は底本編集当時のものです。(標準読了時間 90分)

独走トヨタ　迫る試練　目次

利益の額・安定度は突出

トヨタを待ち受ける3つの試練

日本の底力が詰まっている新型「クラウン」で、私たちはもう一度、世界に挑戦する――。

トヨタ自動車の豊田章男社長は意気軒高に宣言した。国内専用車だったクラウンを今後はグローバルモデルとして展開。セダンだけでなくSUV(スポーツ用多目的車)など4つの車形をそろえ、米国や中国、中近東など40の国と地域で販売する。2022年7月15日に千葉・幕張メッセで開かれた新型クラウンのワールドプレミアでは、トヨタとクラウンの歴史を振り返る壮大なプレゼンテーションを披露。トヨタが刻む「新たなストーリー」に会場は熱気に包まれた。

しかし、華々しいイベントの裏では、「出はなをくじかれる事態」（トヨタ系販売会社社長）が起きていた。

実は、新型クラウンの発売時期は「2022年秋ごろ」である以外、決まっていない。ワールドプレミアに合わせ受注を始める予定だったが、「品質確保に時間を要する」として直前に延期したのだ。

別のトヨタ系販社社長は「トヨタの営業担当からハブボルトの品質確認と聞いている。『bZ4X』のリコール（回収・無償修理）が影響しているようだ」と明かす。

bZ4Xはトヨタが国内で2022年5月に発売したばかりの電気自動車（EV）。兄弟車のSUBARU「ソルテラ」と併せ、リコールを国土交通省に6月23日に届け出た。

急旋回した際などにタイヤを取り付けるハブボルトが緩み、タイヤが脱落するおそれがあるという。ただ、原因は明らかになっておらず、「品質重視のトヨタでリコール時に原因が特定されていないのは極めて異例」との驚きの声が販社から上がる。新型クラウンもbZ4Xと同じハブボルト構造を採用しているが、トヨタはクラウンの出荷開始遅れとリコールの関連性については言及を避ける。

トヨタの看板を背負う主力車のワールドプレミアだからこそ、問題解決までは延期すべきだったかもしれない。それでも開催に踏み切ったのは豊田社長の「話題づくりにもなる」という鶴の一声だった。発表会のゴーサインが出たのは開催3週間前だったという。

2022年7月末に予定していたディーラーでの店頭発表会は中止。前出のトヨタ系販社社長は「商談を進めるためにも、少しでも早く車を出荷してほしい。品質確認であれば致し方ないが……」と肩を落とす。

新型クラウンの戦略づくりには豊田社長の意向が色濃く反映されている。もともとマイナーチェンジが予定されていたクラウンは豊田社長の発案で全面刷新に変わり、2年半で4車形を開発した経緯がある。「かなり急いで開発してきたので、トータルで品質がどうなのか、腰を据えて確認する必要がある」とある執行役員は話す。

世界販売台数でトヨタは2020年にライバルの独フォルクスワーゲン（VW）か

ら5年ぶりに首位を奪還して以来、独走が続く。円安も追い風になって、22年3月期の営業利益は前期比36％増の2兆9956億円となり、6年ぶりに過去最高益を更新した。

記録的な原材料価格高騰を受け、今期の営業利益は2兆4000億円と減益を見込む。ただ、為替想定を1ドル＝115円と保守的に置いているため、円安効果で営業増益に転じる可能性もある。

トヨタの利益の額、安定度は突出

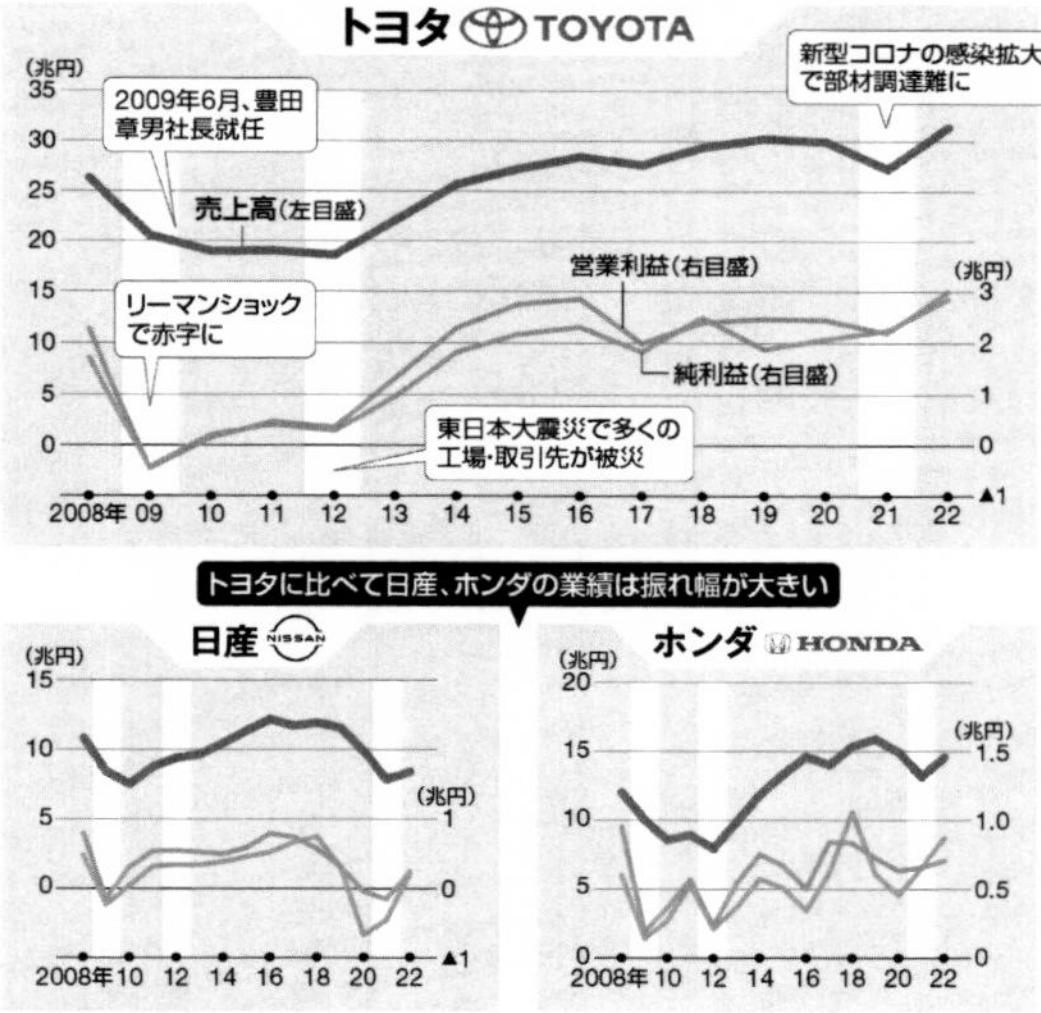

トヨタ TOYOTA
(兆円)
2009年6月、豊田章男社長就任
新型コロナの感染拡大で部材調達難に
売上高(左目盛)
営業利益(右目盛)
純利益(右目盛)
リーマンショックで赤字に
東日本大震災で多くの工場・取引先が被災
35
30
25
20
15
10
5
0
(兆円)
3
2
1
0
▲1
2008年
09
10
11
12
13
14
15
16
17
18
19
20
21
22
トヨタに比べて日産、ホンダの業績は振れ幅が大きい
日産 NISSAN
(兆円)
15
10
5
0
(兆円)
1
0
▲1
2008年
10
12
14
16
18
20
22
ホンダ HONDA
(兆円)
20
15
10
5
0
(兆円)
1.5
1.0
0.5
0
2008年
10
12
14
16
18
20
22

(注)各3月期。▲はマイナス

好業績の秘訣は新しい車造りの手法「ＴＮＧＡ」の浸透だ。車の基本構造であるプラットホームを絞り込み、部品の共通化も進めることで開発効率が上がった。新手法を採用して１５年以降に投入した商品は競争力が高く、世界的に売れ筋となっているＳＵＶのラインナップ強化も功を奏して、新型車を出せば売れる状態が続く。

ＥＶ専業の米テスラが急成長を遂げているが、トヨタは少なくとも伝統的な自動車メーカー相手では向かうところ敵なしだ。

独走トヨタの立役者は豊田社長だ。在任１４年目に入った。２００９年の就任直後に見舞われた米国での大規模リコールや東日本大震災など数多くの危機を乗り越えてきた。

ただ、足元では新たな試練が待ち受ける。１つ目はコロナ禍などが引き起こした生産の不安定化。２つ目はパートナー企業で生じる品質問題などアライアンスのリスクへの対応。３つ目は販社との関係見直しだ。

生産担当の執行役員不在

このうち、切迫度が高いのが生産だ。当初の生産計画に対し実績が下ぶれる状況が続く。受注残は世界で約200万台にまで膨れ上がり、早期の解消は難しい。度重なる減産でサプライヤーとの間には隙間風が吹いており、将来の成長力をそぎかねない。仕入れ先からは「トヨタの生産管理の実務能力が落ちているのではないか」と懸念する声まで上がる。

にもかかわらず、トヨタでは5月、執行役員の中で生産領域を担当する人物がいなくなった。執行役員として生産領域を管掌していた岡田政道氏が退任。岡田氏が務めていたチーフ・プロダクション・オフィサー（CPO）の後任は置かれず、生産本部長に副本部長だった伊村隆博氏が昇格した。伊村氏は現場トップの幹部職であり、経営を担う執行役員ではない。

伊村氏はいわゆる生産現場のたたき上げだ。工場長の経験こそあれ、生産管理の実務経験に乏しい。伊村氏自ら「生産計画の仕組みについて今勉強しているところ」と話す。トヨタはいずれＣＰＯを置く方針だが、ある執行役員は「伊村氏は勉強に一生懸命だ。いずれＣＰＯに昇格するのではないか」と述べるにとどめる。

トヨタは２０年に廃止した副社長職をこの４月に復活させたばかり。現在の副社長３人は「人」「物」「金」を軸に社長を補佐する。「物」をみる前田昌彦副社長もあくまで開発領域が専門だ。生産管理に精通した人はいない。

トヨタ系サプライヤー首脳は「(トヨタでは) 製造業の要である生産管理の重要性をトップが理解していないのではないか」とこぼす。日産自動車は副社長の一人が生産とサプライチェーン管理を担当。ホンダは常務執行役員が４輪事業の生産統括本部長を務める。

トヨタは近年、役員数を大幅に減らし、組織体制をスリム化してきた。「現地現物」で「即断、即決、即実行」ができるリーダーを育成するため、若手の抜擢も積極的に進めてきた。現在の副社長３人はいずれも５０代前半と比較的若い。

一方、６月にトヨタが発表した国内営業のトップ人事に系列販社には衝撃が広がった。かつて副社長も務めた友山茂樹氏（63）が7月1日付で国内販売事業本部長に就任したのだ。友山氏は社内で「TPS（トヨタ生産方式）の権化」といわれる存在で21年からエグゼクティブフェローを務める。

友山氏の起用には、約80万台にも達した国内の受注残の早期解消にはTPSの知見が欠かせないとの判断がある。「ムダ・ムラ・ムリ」を徹底的に排除するTPSをフルに活用し、生産計画の精度向上や、受注から納車までのリードタイムの短縮を狙う。トヨタ幹部は友山氏の人事を「適材適所」とするが、いわば第一線を退いた〝老兵〟に白羽の矢を立てる状況に、「人材が育っていないのでは」との声がグループ内外から漏れる。

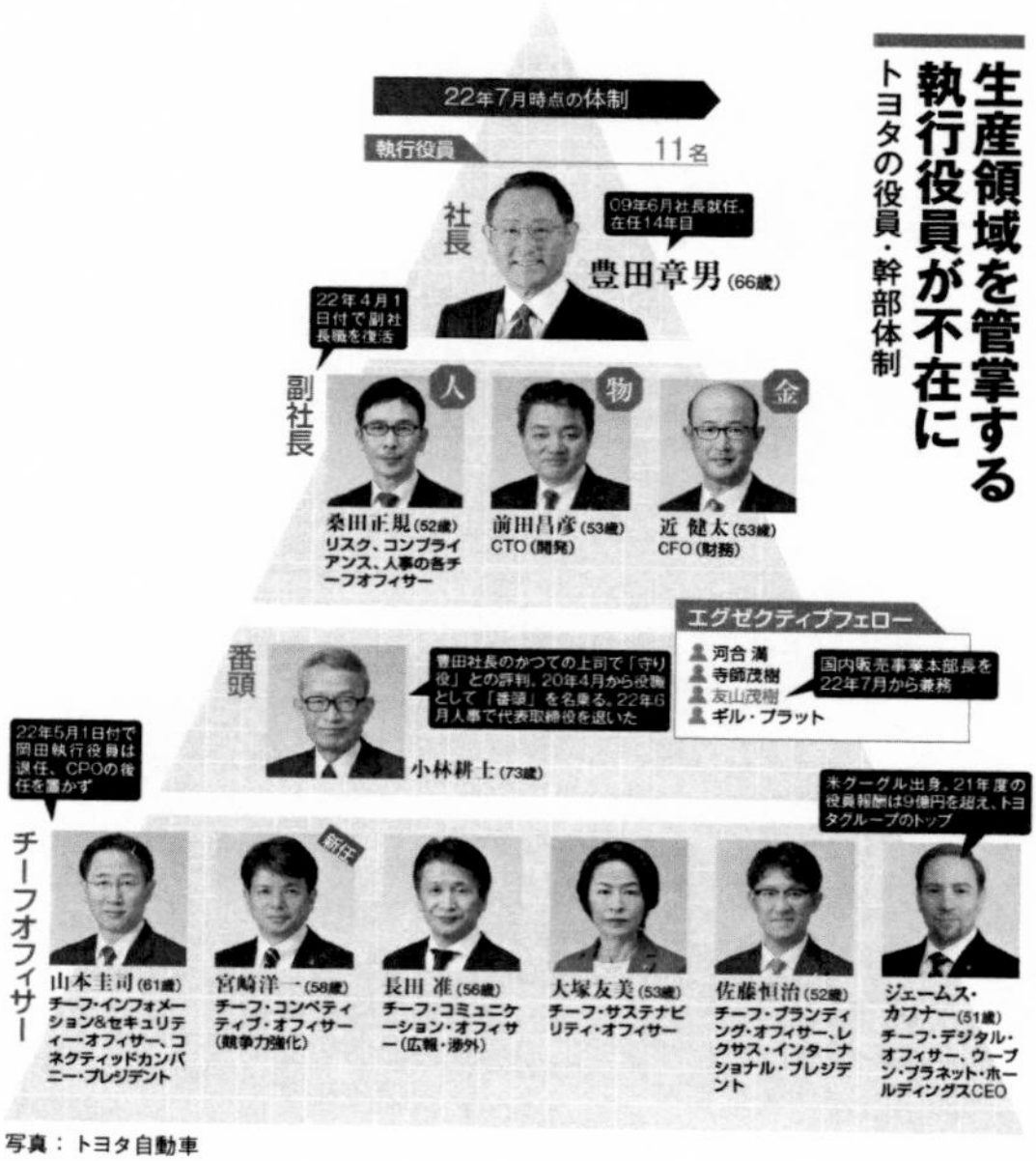

生産領域を管掌する執行役員が不在に
トヨタの役員・幹部体制
22年7月時点の体制
執行役員
11名
社長
09年6月社長就任。在任14年目
豊田章男(66歳)
22年4月1日付で副社長職を復活
副社長
人
物
金
桑田正規(52歳)
リスク、コンプライアンス、人事の各チーフオフィサー
前田昌彦(53歳)
CTO(開発)
近 健太(53歳)
CFO(財務)
エグゼクティブフェロー
河合 満
寺師茂樹
友山茂樹
ギル・プラット
国内販売事業本部長を22年7月から兼務
番頭
豊田社長のかつての上司で「守り役」との評判。20年4月から役職として「番頭」を名乗る。22年6月人事で代表取締役を退いた
小林耕士(73歳)
22年5月1日付で岡田執行役員は退任、CPOの後任を置かず
チーフオフィサー
山本圭司(61歳)
チーフ・インフォメーション&セキュリティー・オフィサー、コネクティッドカンパニー・プレジデント
新任
宮崎洋一(58歳)
チーフ・コンペティティブ・オフィサー(競争力強化)
長田 准(56歳)
チーフ・コミュニケーション・オフィサー(広報・渉外)
大塚友美(53歳)
チーフ・サステナビリティ・オフィサー
佐藤恒治(52歳)
チーフ・ブランディング・オフィサー、レクサス・インターナショナル・プレジデント
米グーグル出身。21年度の役員報酬は9億円を超え、トヨタグループのトップ
ジェームス・カフナー(51歳)
チーフ・デジタル・オフィサー、ウーブン・プラネット・ホールディングスCEO

写真：トヨタ自動車

豊田社長が「550万人が働く」（＊注1）と訴える国内の自動車とその関連産業の中心にいるのは紛れもなくトヨタだ。近年は広義のトヨタ連合が拡大し、日本の自動車業界内で「トヨタ1強」の構図も強まっている。

豊田社長は「優先順位は1に安全、2に品質、3に量、4に収益」の考えを打ち出す。安全性や品質に対する意識はどこよりも高い。トヨタはコロナ禍でも名実ともに「経済復興の牽引役」を果たしてきた。日本を支えるためにも勝ち続けないといけない宿命を背負う。トヨタを待ち受ける試練を今こそ点検するときだ。

（木皮透庸）

（＊注1）自動車関連就業人口：549万人の内訳（出所：日本自動車工業会）
【製造部門】89万人（うちトヨタは連結37万人）／自動車メーカーや部品メーカー
【資材部門】46・7万人／素材メーカー、製造設備メーカー
【利用部門】271・8万人／貨物運送業、旅客運送業（バス・タクシー）など
【販売・整備部門】101・8万人／自動車販売会社、自動車整備会社
【関連部門】39・5万人／ガソリンスタンドや駐車場など

幻の「年間1200万台生産」

コロナ禍や半導体不足による生産制約は自動車業界共通の課題だ。生産計画の精緻さで業界屈指とされるトヨタも例外ではない。正確な生産計画を立てられないことが、サプライヤーの経営を悪化させている。「強気の生産計画を出しては引き下げを繰り返すのは、以前のトヨタでは考えられない」。サプライヤー首脳はため息交じりに話す。

トヨタは2022年3月期の世界生産台数として過去最高の930万台を期初に掲げたが、下方修正を3回も繰り返し、最終的に857万台（前期比5％増）で着地した。足元では世界で約200万台まで受注残が積み上がっている。各地域の営業部門は販売会社から新車の供給増を求められ、挽回生産へのプレッシャーは強い。

そこで2021年10月ごろ浮上したのが、1200万台という23年3月期の世界生産計画だ。従来の過去最高生産台数である908万台と比べると未曾有の大増産。そこから「半導体不足や仕入れ先の状況もあり、1100万台に引き下げ」(トヨタ幹部)て、22年初めに仕入れ先に提示した。

この数字が伝わると、サプライヤーからは「到底到達できる水準ではない」と、戸惑いの声が相次いだ。度重なる減産で、トヨタとサプライヤーの信頼関係には傷がついている。「トヨタの出す計画から割り引いて自社の生産計画を作らないと損失が出てしまう」と、サプライヤーの幹部は話した。

こうした状況にトヨタも対応を迫られた。3月の労使交渉では組合が度重なる急減産で疲弊するサプライヤーの窮状を報告。これを受け、豊田章男社長は「要員や設備などの能力を超えた生産計画は異常」と指摘し、「足元の生産計画を現実に即したものに見直す」ことを発表した。その結果、5月に「身の丈」として示した今期の世界生産計画が970万台だ。

4月からは生産計画の提示方法も変えた。毎月20日ごろに翌月の生産計画を確定し通達していたのに加え、月初めに翌月の大まかな計画も示すことにした。2カ月後、

3カ月後の生産計画についても、従来計画に対しどの程度リスクがあるかを織り込んで伝える。生産計画の変更で準備費用が過剰になった場合、費用を一部負担するなどとした。サプライヤー各社は「急な生産変動があったときに要員計画の変更など対応がしやすくなる」と好意的に受け止める。

■ **コロナ禍や半導体不足で生産台数は揺れ続けた**

—トヨタ・日産・ホンダの月次世界生産台数—

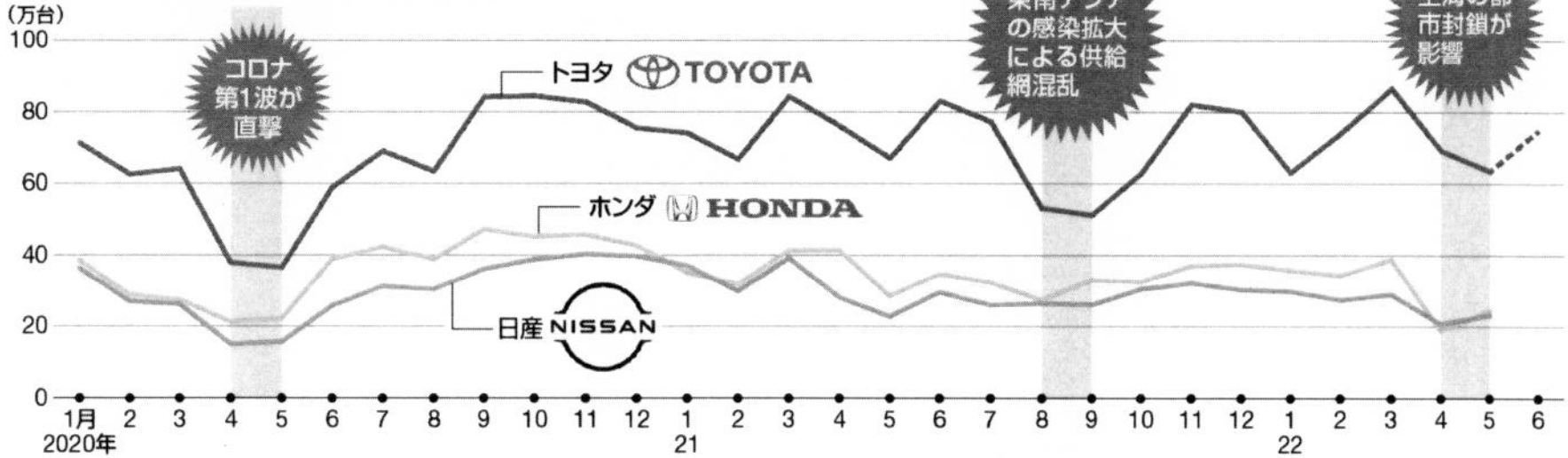

(注)トヨタはトヨタ・レクサスブランドの生産台数。トヨタの6月実績は未公表のため、会社計画値　(出所)会社公表資料を基に東洋経済作成

赤字のサプライヤーも

ただ、トヨタとサプライヤーの間に吹いた隙間風は容易に収まることはなさそうだ。970万台という「身の丈」の生産台数ですら、達成が難しそうだからだ。半導体不足に加え、上海の都市封鎖による部品供給制約が響いた形で、最近も計画未達が相次いでいる。

トヨタは6月の世界生産実績を発表していないが、計画どおりの75万台で着地した場合、4〜6月は約208万台。3月に発表した4〜6月の見通しである240万台から30万台強も下振れする。

「これだけ部品が生産できないと、わが社も赤字が避けられない。トヨタと仕入れ先の決算はおそらく明暗が分かれるだろう」

トヨタ系サプライヤーの首脳は、22年度第1四半期(4〜6月期)決算を前に苦渋の表情を見せた。

恨み節を言いたくなるのは、トヨタ本体は生産台数が減っても、新車需要の強い主力市場の米国などで販売奨励金の抑制が効いて台当たりの収益性が高く維持できているほか、中古車価格高騰を背景にリースの返却車両の売却益など販売金融でも稼げているからだ。

だが、サプライヤーにはそういった「飛び道具」はない。部品数量の減少はそのまま経営を直撃する。トヨタは仕入れ先の原材料費の高騰分については「基本的にはわれわれがみる」（熊倉和生・調達本部長）と話し、部品の購入価格引き上げが進み始めてはいる。だが、工場の稼働率が高まらないサプライヤーは厳しいままだ。

トヨタは減産や資材高騰を考慮して4～6月に見送った部品の値下げ要請を、生産数量の回復を前提に7～9月に再開した。だが、仕入れ先からは「生産数量が予定どおりになってから原価低減を求めるのが筋」との反発も出た。そうした声も踏まえ、「サプライチェーンをしっかり守るため」（熊倉本部長）に、10月～23年3月については値下げ要請の見送りを決めた。生産をめぐる混乱が続いている。

そもそも1100万台もの計画が当初示されたことに、「トヨタの生産管理の実務能力が落ちているのではないか」と疑念の声も上がる。独立系サプライヤーの幹部は、「1100万台の計画に対応するためには設備投資が必要になるのに、仕入れ先に示すのがあまりにも直前すぎる」と話す。

トヨタがお家芸とする、極力在庫を持たないジャスト・イン・タイムは競争力の源泉だ。原価低減も正確な生産台数予想があってこそのものだ。しかし、急減産時にはジャスト・イン・タイムの抱えるリスクの多くを仕入れ先が引き受ける形になった。

「異常な状態がずっと続くと、大事にしなければいけない安全や品質がおろそかになって、あってはいけないことが起こってしまうのではないかと危惧する」。22年春の労使交渉では組合からこんな指摘も出た。トヨタは生産管理のあり方を見直したうえで、仕入れ先との強固な信頼関係をつくり直す必要がある。

（木皮透庸）

INTERVIEW　責任者が語る

生産・調達本部長が見た新常態

トヨタ自動車　生産本部長・伊村隆博
トヨタ自動車　調達本部長・熊倉和生

トヨタの生産現場で何が起きているのか。生産・調達の指揮を執る伊村隆博本部長、熊倉和生本部長を直撃した。

「われわれとサプライヤーは一心同体」（伊村隆博）
「1100万台は生産能力の確認」（熊倉和生）

――伊村本部長は2022年5月に生産本部長に就いたばかりです。

【伊村】率直に言って自分にはやれないと思っていた。僕は工場でものづくりを40年くらいやってきたが、生産本部はグローバルが所管だ。すべての生産関係を見るということなので非常に多岐にわたる。役割を与えられた以上は頑張らなきゃいかんと（いう気持ちだ）。生産計画の仕組みをどうするか、新技術の電池のつくり方をどうするかといったことを、いろいろと勉強しながらやっている。

豊田社長からは1月に副本部長に就いたとき、「トヨタの屋台骨は生産現場だ」と言われた。それを聞いて、基盤をしっかりと固めて未来永劫維持できるように頑張ってくれと言われたのだと受け止めている。

――年始にサプライヤーに伝えた生産計画は1100万台でした。現在公表している970万台と開きがあります。調達や人員計画を精査できなかったのでしょうか。

【熊倉】1100万台という数字は公に示したものではなく、サプライヤーに生産能力の確認をするため示した計画だ。そこから最終的に固まる前に投資や人員の確保などを品目ごとにきめ細かく確認し洗い出しを行い、算出したのが970万台という数字だ。

■ 2021年夏以降、計画と実績の乖離した状態が続く
—トヨタの世界生産計画と実績の推移—

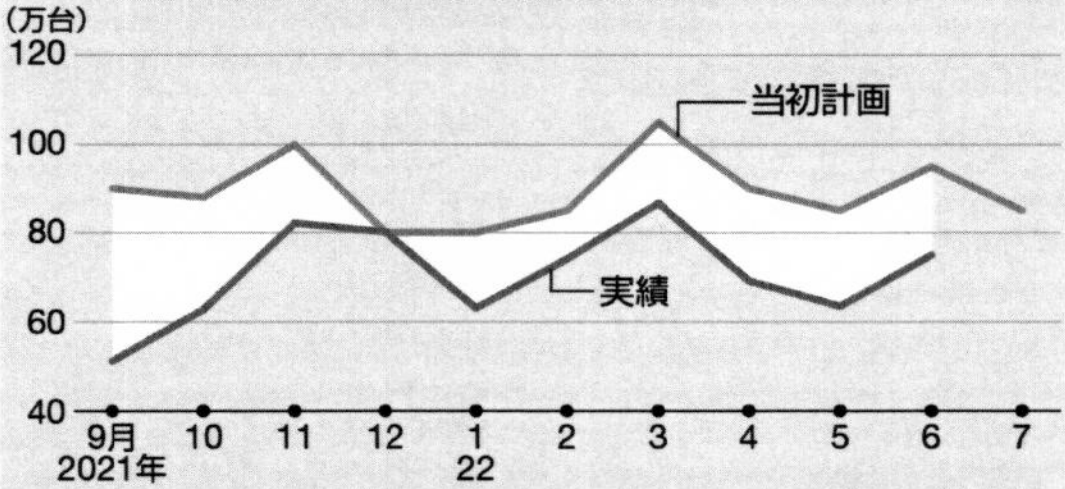

(注)トヨタ・レクサスブランドの生産台数。6月実績は未公表だが、会社側は6月16日に計画を75万台に下方修正　(出所)会社公表資料を基に東洋経済作成

――当初は1200万台という、さらに強気な数字が出ていたとも聞きますが。

【熊倉】繰り返すが、毎回どうやって生産をこなしていくか、会社の中とサプライヤーと、みんなで検証するために示し、流しながら確かな数字になっていく。ただ現状はまだ読み切れないところがあって、減産の発表をせざるをえないことが続いているということだ。

売りたい数字が計画に

――そもそも1100万台という数字が上がってきたとき、率直に言ってどう感じましたか。

【熊倉】1100万台という数字はこれまでつくった経験がなく、実務としてもパッと見ると高い数字だと思う。ただ、販売店やお客様も含めて耐えていただいている中、どこまで生産できるかというケーススタディーの数字であり、計画ではない。

【伊村】足元の雇用環境が悪く、生産台数を増やしていくだけの要員がなかなか採れていないというのが今の状況だ。環境面も含めてどこまでやれるかを議論し、課題を持ち寄って決めるための基準となる数字だと理解している。

――足元では受注残がグローバルで約200万台まで積み上がっています。現状の生産計画の立て方には課題があるのでしょうか。

【伊村】非常に裾野が広くて難しい。受注残の台数は従来なら10万台や20万台の規模だが、現状では（解消に）どれだけの年数が必要か読めないくらい抱えている。営業も各地域別に進める中、今はどちらかというと売りたい数字を中心に計画を立てている部分がある。今後はお客様が必要としている量をしっかり把握して生産計画に反映しない限り、今の変動には追随できないと思っている。22年4～6月を「意志ある踊り場」として、お客様から生産計画までつながる部分をどう改善していくかの議論を社内でもスタートしたところだ。

――サプライヤーからは人件費など固定費負担が増して、「もう限界だ」という声もあります。

【熊倉】従来、確定した計画を出した後に変更したときは、われわれで費用を負担することはやってきた。現在はそれをより早く、対象月の2カ月前に示した生産計画の内示の数字が、1カ月後の確定内示で減産となった場合、増産に備えた人件費や消費期限のある原材料の費用など、無駄になってしまうものをお支払いしようということで対応している。

――4〜6月期に見送っていた部品の値下げ要請を、7月から再開しましたね。

【熊倉】原価低減は競争力の源泉だ。われわれも仕入れ先と一緒に原価を下げていくということだ。一律で何%とするわけではなくて、部品ごとの競争力を認識しながら、個別に目標を決めていく。

――「生産数量が予定どおりになってから値下げ要請をするのが筋だ」との指摘もあります。

【熊倉】おっしゃるとおり。要請再開はしているが値下げの目標数値も、半導体の供給が正常に近い形になり、もともとの計画ともずれがないことが前提となる。次の期をどうするかは状況を見ながら検討しないといけない。

――公表している年間計画から8月までの実績と計画を引くと、9月以降月平均で90万台弱の生産が必要です。達成可能でしょうか。

【伊村】半導体不足もあってなかなか先が見えないが、部品の供給が正常化すれば可能な数字だと思う。ただ、部品だけではなくて、生産台数を増やすには、人員環境やサプライヤーの状況を含めて生産できる体制をしっかり確認しないといけない。

――これまで強みだった「ジャスト・イン・タイム」がリスクになりませんか。

【熊倉】ジャスト・イン・タイムは必要なときに必要なものを見える化して、今の状態からもっといい形へと進化、改善させるツールだと思う。在庫が海外や国内でどこにあって、どれだけつくっているかすべて現場で確認しており、どこが悪いか、不足しているかを診断できる面もある。こうしたことからも、やはり大きな考え方は変えてはいけないと思うし、今の事象だけを捉えてダメだという短絡的なものではない。

――トヨタだけでなく、多くの自動車メーカーが生産の安定化問題で頭を抱えています。

【伊村】やはり部品の調達に苦労している。コロナ禍で、半導体の需給バランスがおかしな状況になっていることが一番ではないか。コロナ禍で、車が生産できずに、お客様にお待ちいただき、営業も車を出荷できない。ここが非常につらいところだ。

【熊倉】とにかく予測ができない。毎日毎日、緊急対策会議が継続している状況だ。コロナ禍や半導体工場の火災、直近では工業用水の不足など予期しないことが起きて、世界中で生産の制約が増している。その中で脱炭素をどうするか、電動化にどう対応するか、サプライヤーと議論しなければならない。

――サプライヤーとの関係はどのように構築していきますか。

【熊倉】世の中の変化には対応しなければならないが、基本的には変わらない。相互信頼があって一緒にやるという軸がぶれてはいけないということ。取引のあるサプライヤーは6万社あって、全部をきめ細かく見るというのは難しいが、生産現場の改善に入ったときに声を聞いたり、組合の声を聞いたりして活動に反映することを、地道にやるしかない。われわれが苦労していることをサプライヤーもわかってくれていると思うし、今までと違ってドライになるということはない。

【伊村】一社一社から出していただいた部品を集めて1台のよい車をつくるという観点からも、サプライヤーはわれわれの仲間だ。何か困りごとがあれば、われわれが助け出し、一緒に苦労して改善していくことを目指しているし、一心同体でやっていくということが重要だろう。

（聞き手・木皮透庸、横山隼也）

伊村隆博（いむら・たかひろ）
1958年生まれ。76年トヨタ入社。田原工場工場長などを経て2022年5月から現職。

熊倉和生（くまくら・かずな）
1962年生まれ。85年トヨタ入社。資材・設備調達部長を経て2020年7月から現職。

サプライヤーが募らせる不満

生産混乱は日産・ホンダも

「彼らの言う生産計画のとおりに動いていたら赤字が膨らむだけだ」。ある日産自動車系部品メーカー首脳は、自動車メーカーの生産計画の変動が長引いていることにいら立ちを隠さない。

半導体不足やコロナ禍による生産網の混乱には、日産やホンダといったトヨタ以外の自動車メーカーも頭を抱える。

両社とも生産状況は低調だ。日産は直近のピークだった2017年(576万台)と比べて21年の生産台数(358万台)が4割減、ホンダも過去最高だった18年(535万台)と比べ21年の生産台数(413万台)は2割強減っている。業績が生産台数に左右される部品メーカーには、経営を直撃する事態だ。トヨタ系に比べて経営体力で劣る、日産やホンダ系の部品メーカーにとって、その影響は大きい。

加えて、日産やホンダと取引する部品メーカーは直前まで不安定な生産計画にも頭を悩ます。あるホンダ系部品メーカーの幹部はホンダについて、「1週間前など直前で急に減産計画を伝えてくるケースがいまだにある」と不満を口にする。同様の声は日産系部品メーカーからも聞こえてくる。

部品メーカーの場合、自動車メーカーから事前に通達された生産計画に基づいて人員や設備の体制を準備する。しかし、計画台数が直前で減った場合、最適化が間に合わずに過剰な状態のまま部品を作ることになる。部品メーカーからは「せめて直前に減産した際に発生した費用を負担するべきではないか」と厳しい声が上がる。

ゴーンが残した弊害

とりわけ経営が厳しいのが日産系部品メーカーだ。主な日産系部品メーカーの22年3月期業績を見ると、7社中3社が営業赤字だった。日産は販売奨励金の削減や円安効果を追い風に3期ぶりに最終黒字に浮上したが、完成車そのものを扱わない部品メーカーはこうした要素が経営に寄与しない。

もう1つ、日産系部品メーカーの足かせになっているのが過去の拡大路線の弊害だ。カルロス・ゴーン元会長時代の日産は、10年代に生産規模増大を追い求め、部品メーカーもこぞって海外に進出した。しかし日産はゴーン元会長の逮捕や業績悪化を理由に方針を転換。足元では工場の閉鎖や商品ラインナップの削減を進めている。

モルガン・スタンレーMUFG証券の垣内真司氏は、「日産が進めている構造改革や生産台数の削減に対し、主要部品メーカーは生産設備の最適化が進んでいない」と指摘する。余った生産能力を埋めるために日産以外からの受注を拡大するという方法もあるが、「日産を主要取引先とする部品メーカーでは、日産以外の開拓が進んでいない」(ホンダ系部品メーカー首脳)との声も上がる。

日産系では大手のマレリホールディングスが22年3月、経営危機に陥って事業再生ADR(裁判外紛争解決手続き)を申請。その後の手続きで7月に民事再生に移行した。マレリは17年に日産との資本関係を解消しているが、取引における日産への依存度は高いまま。日産の経営が混乱した後も拡大路線を継続したことがあだとなり、最適化がうまく進まないままコロナ禍を迎え経営危機に陥った。そのため日産系部品メーカーでは、経営環境の悪化を踏まえて、生産拠点や人員の削減などによる合理化が広がりつつある。

日産とホンダの足元の生産台数は、今も上向く気配がない。22年1〜5月期の累計生産台数は前年同期比で日産が17%減、ホンダが14%減。日産幹部は「(厳しいゼロコロナ政策を打ち出す)中国・上海のロックダウンの影響がまだ続いている」と嘆く。日産の内田誠社長は「厳しい時代にどのように成長していくかをサプライヤーとつねに議論し、共有している」と話す。日産、ホンダともに現状は半導体の安定調達を最優先事項として、生産回復への取り組みを進めている。

だが足元の急激な円安が響き、原材料費や人件費の高騰も部品メーカーの収益を圧迫する。不安定な生産が続き、部品メーカーの経営危機が広がれば、日産やホンダ本体の生産体制が揺らぎかねない。新たな支援策を求める声も上がる中、いかにして部品メーカーと密接に連携を図るか。まずは安定した生産を実現する地道な活動が欠かせない。

(横山隼也)

常態化する可能性も

まだまだ続く半導体不足

2020年末以来、長期にわたり自動車の生産にブレーキをかけているのが半導体不足だ。長期化した要因は、半導体の発注から納品までのリードタイムにある。

車載半導体で世界首位のインフィニオン テクノロジーズ日本法人の杵築（きづき）弘隆 OEM Business Development 部長は、「比較的単純な構造の半導体でも4カ月、（複雑な構造の半導体である）レーダーやマイコンでは10カ月かかることもある」と話す。そのため21年に半導体不足が明らかになって、メーカーはすぐに供給を増やせなかった。そこへ車載半導体国内最大手・ルネサスエレクトロニクスの那珂工場の火災や、半導体後工程の工場が集中する東南アジアでの新型コロナによるロックダウンなどが輪をかけた。

コロナ禍によるサプライチェーンの混乱、通信や電子デバイスなど民生向け半導体の巣ごもり需要急増は、足元で解消しつつある。自動車用の生産を優先しやすい環境がようやく整ってきた。杵築氏は「2022年後半から23年にかけて、車載半導体の供給はいったん正常化するのでは」とみる。

ただし「いったん」解消しても、中長期的には半導体不足が慢性化する可能性はある。自動車1台に使われる半導体が増えているからだ。例えばエンジン制御用の半導体だと、かつての1台に30個程度が、今は高級車種で70〜100個搭載されるという。EV化やADAS（先進運転支援システム）の高機能化が進むと、モーター駆動用のパワー半導体や、センサー、画像認識用の半導体がさらに必要になる。「中でもEV用のパワー半導体は、急激な需要増が来るとみている」（杵築氏）。

力関係は逆転

需給バランスの変化は、自動車と半導体の業界間のパワーバランスも変える。

半導体のリードタイムを考えると、必要なときに必要な量を納めるジャスト・イン・タイムはそぐわない。これまでは半導体が潤沢だったため、半導体を購入する自動車業界の論理が通っていた。しかし、半導体が足りず自動車が造れない状況が出現し、自動車業界の意識も変わる。デンソーは発注のタイミングについて、従来の3カ月前から、年単位へと移行を進めている。

資本関係にも変化が見られる。トヨタ自動車は21年後半にルネサス株2500万株を買い増し、約3・8%を保有する第4位株主に浮上した。デンソーと合わせて11・6%の議決権を握ったことで、資本面から半導体に接近する。

半導体と自動車の関係は、歴史的転換点を迎えている。半導体業界には、千載一遇の形勢逆転の機会が巡ってきた。

（佐々木亮祐）

子会社日野、痛恨のエンジン不正

「調査中と繰り返すばかりできちんとした説明がなかった。物足りない総会だった」

トヨタが50・2％出資する日野自動車が2022年6月23日に開いた株主総会は荒れた。エンジン性能をめぐる不正行為を明らかにして以降初めての株主総会で、100人以上の株主が東京都日野市の本社に駆けつけた。質疑応答では不正行為についての質問が相次ぎ、総会は2時間以上に及んだ。だが、再発防止策や出荷再開について十分な回答を得られず、ある個人株主は不満な表情のままだった。

議案の賛成率にも不満は顕著に表れた。2021年株主総会で90・88％だった小木曽聡・代表取締役社長の選任賛成比率は66・59％にまで落ち込んだ。不正行為が明らかになる中での続投に対し、株主からの厳しい評価が下された。

日野が不正を発表したのは22年3月のこと。量産に必要な型式指定を取得するための認証試験で不正行為を働き、エンジンの排出ガスと燃費をよりよい数値が出るように偽った。

終わりの見えぬ不正調査

不正行為が明らかにされて以降、対象車種は出荷停止になったうえ、一部の中型トラックはリコールになった。日野は外部有識者による特別調査委員会を設置。不正行為の詳細のほか、ほかのエンジンでも不正があったかを調べている。大型トラックは7月半ばには古河工場（茨城県）で生産を再開したものの、7月末の時点で調査報告書は未発表だ。不正問題が解決するにはまだ時間がかかる。

トラックユーザーである物流業者の間では「日野離れ」も現実になりつつある。

日野の中・大型トラックは車両価格が他社と比べて高いものの、耐久性に優れている点で評価されてきた。トラックの調達先を変えるのは容易ではない。そのため、一刻も早い出荷再開を望む物流企業からの声は強い。それでも、出荷再開のメドが立たない状況にしびれを切らし、いすゞ自動車や三菱ふそうトラック・バスなど、他社の車両に切り替える動きが出始めた。

日野は中・大型トラックの領域で21年に販売台数シェア首位であるが、2022年は出荷停止が続く中、2位のいすゞが逆転する可能性は十分ある。

保証関連のコストも懸念材料だ。物流大手のセイノーホールディングスによると、部品外注費、重量税、自賠責保険料が増加する分を日野に補填してもらっているという。これらのコストを負担するため、業績への影響は避けられない。実際、一連の不正行為による通年の業績への影響は不透明で、23年3月期の業績見通しは出せていない。

問題は国内にとどまらない。北米でもエンジン認証をめぐって問題が発生し、2021年9月末まで工場が停止していた。米国では当局による調査が続いている。

会長だった下義生氏は21年に就任してわずか1年で退任した。下氏は日野生え抜きで2017年から21年まで社長を務めた。会社側は引責辞任ではないと説明するが、16年から続けられていた不正行為が明らかにされ、責任を取らざるをえなかった。下氏の姿は22年の株主総会にもあったが、発言はなかった。

トヨタ連合が業界牽引

満身創痍の日野において、代表権を持つ取締役はトヨタ出身の小木曽社長だけだ。小木曽社長はトヨタの元技術開発者で「プリウス」の開発経験を持つ。また、トヨタの副社長を務める近健太氏も日野の取締役として名を連ねる。

日野は2001年からトヨタの子会社だ。事業においてもトヨタの存在は欠かせない。21年度には、小型トラックの「ダイナ」などトヨタ車の受託生産が売り上げ全体の7%を占めた。

■ トヨタ車の受託生産は1割近く占める
—日野自動車の売上高の内訳(2021年度)—

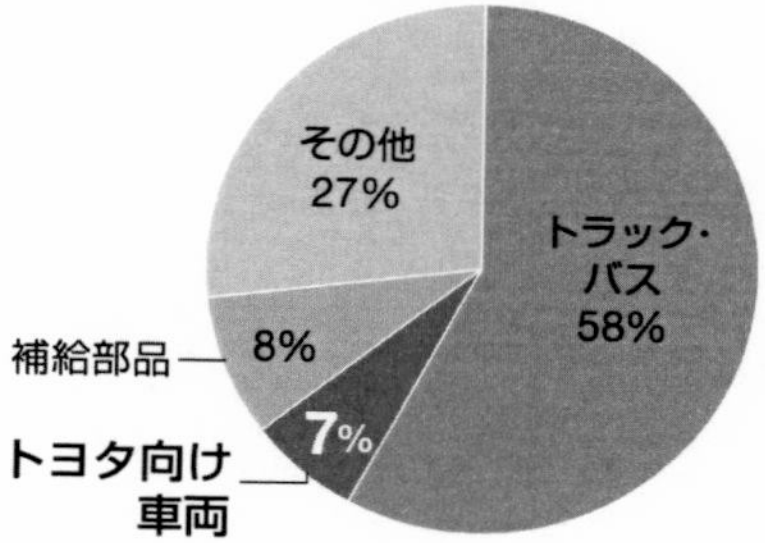

(出所)日野自動車の決算資料を基に東洋経済作成

■ いすゞがシェアで日野を逆転する可能性
—中・大型トラックの国内シェア(2021年)—

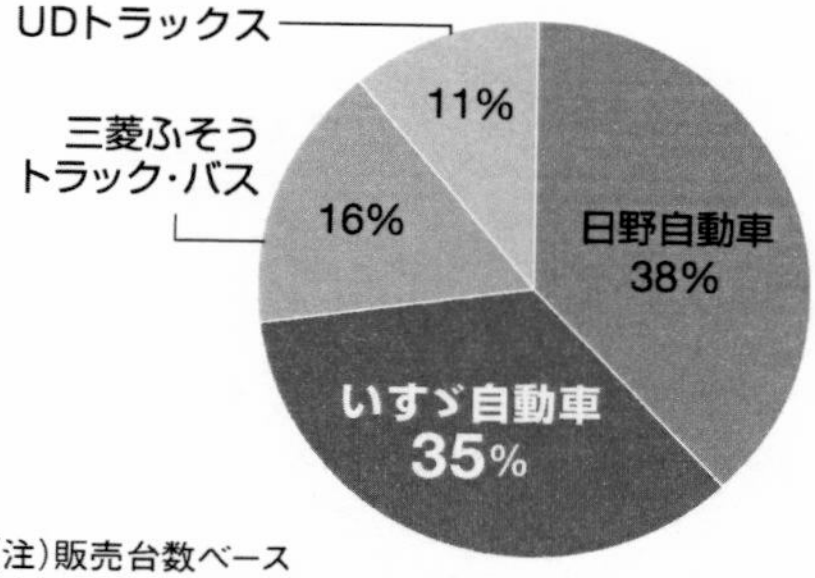

(注)販売台数ベース
(出所)日本自動車販売協会連合会の統計を基に東洋経済作成

ＣＡＳＥ技術の商用車への展開でもトヨタは中心的な役割を果たす。２１年４月にはトヨタと日野、いすゞによる合弁会社のＣＪＰＴ（コマーシャル・ジャパン・パートナーシップ・テクノロジーズ）が設立された。目的は商用車の電動化のほか、トラックの水素エンジンの実用化に向けた先進技術の共同開発だ。

この合弁会社の社長を務めるのはトヨタのＣＶカンパニー社長の中嶋裕樹氏。さらに、トヨタ子会社のダイハツ工業と、業務提携をするスズキもＣＪＰＴへ参加する。

ＣＡＳＥをはじめとした次世代技術の開発には費用がかかることもあり、ほかの乗用車メーカーもトヨタの傘の下に活路を見いだす。例えば、ＳＵＢＡＲＵ（スバル）はトヨタとスポーツカーやＥＶの共同開発をする。２０１９年にはその関係をさらに深め、トヨタからの出資を受け入れ持ち分法適用会社になった。

しかし、電動化技術を豊富に持つトヨタを頼る分、独自色を出しづらいという悩みも抱える。スバル初の量産ＥＶ「ソルテラ」には、同社の強みの1つである先進安全技術「アイサイト」を搭載できず、代わりにトヨタの「トヨタセーフティセンス」が採用された。開発期間やコストの制約が理由だ。

さらに、生産体制にも制約がかかっている。ソルテラは5月半ばから受注を開始したが、タイヤのボルトが緩み、6月下旬にリコールに追い込まれた。スバルによると、いずれも販売店の試乗車といったグループ内で取引されていた車両だという。

ソルテラの生産はトヨタの元町工場が担う。リコールなどが発生した場合、スバル個社としての対策には限界もある。生産や品質保証といった面での共倒れのリスクを抱えることにもなる。

2019年に業務提携を結んだ軽自動車のスズキも例外ではない。トヨタとはスズキの主戦場であるインドでの相互OEM供給に取り組んでいる。ハイブリッド技術に強みを持つトヨタと協調することで、電動化に対応する狙いもある。

競争環境の厳しさは増すばかりだ。25年までに電動の軽自動車を発売する計画だが、国内で軽EVをいち早く発売した日産自動車と三菱自動車に出遅れたうえ、中国のEV大手、BYDが日本国内での乗用車展開を発表した。トヨタのような開発資源を持つパートナーをどう利用し、独自色を出すかが問われる。

同じくマツダもトヨタと2017年に資本業務提携を締結し、双方が50%ずつ出資して米国での生産の合弁会社を設立、21年から稼働を開始した。世界販売台数のうち米国がおよそ4分の1を占め、マツダにとってトヨタとの合弁会社は米国内唯一の生産拠点だ。

国内販売で6割の結束力

生産や販売に関して課題を抱えるのは各社とも同じだ。スズキも半導体不足などを背景として、3年連続で国内販売台数の前年割れに沈んだ。新車の納車遅れも目立つ。新たな取り組みにもがく姿もある。2022年には、中古車のサブスクリプションサービスも始めた。だが、トヨタが展開する「KINTO」と比較すると、中途半端さも目立つ。更新も可能だが半年のみの契約となっており、スズキ車を生活の足として利用するユーザーを想定すると、サブスクリプションのターゲット層が見えづらい。

トヨタとの関係を持つ「トヨタグループ」は、日本の自動車業界の中であまりにも大きな存在だ。国内のトラックを含む自動車の年間販売台数のうち、「トヨタグループ」は6割を超える。日本の自動車メーカーの命運はトヨタに懸かっていると言っても過言ではない。

（井上沙耶）

■ トヨタと協力するメーカーで国内販売の6割に
—メーカー別国内販売シェア(2021年度)—

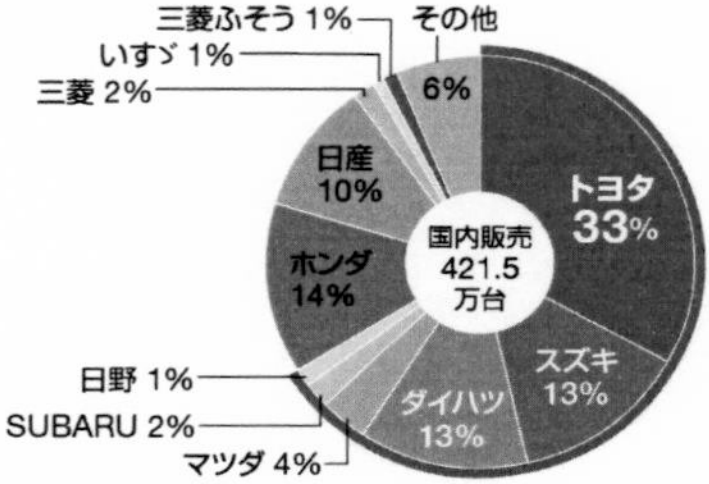

(出所)日本自動車工業会の資料を基に東洋経済作成

■ トヨタ自動車は国内メーカーと密接な関係にある

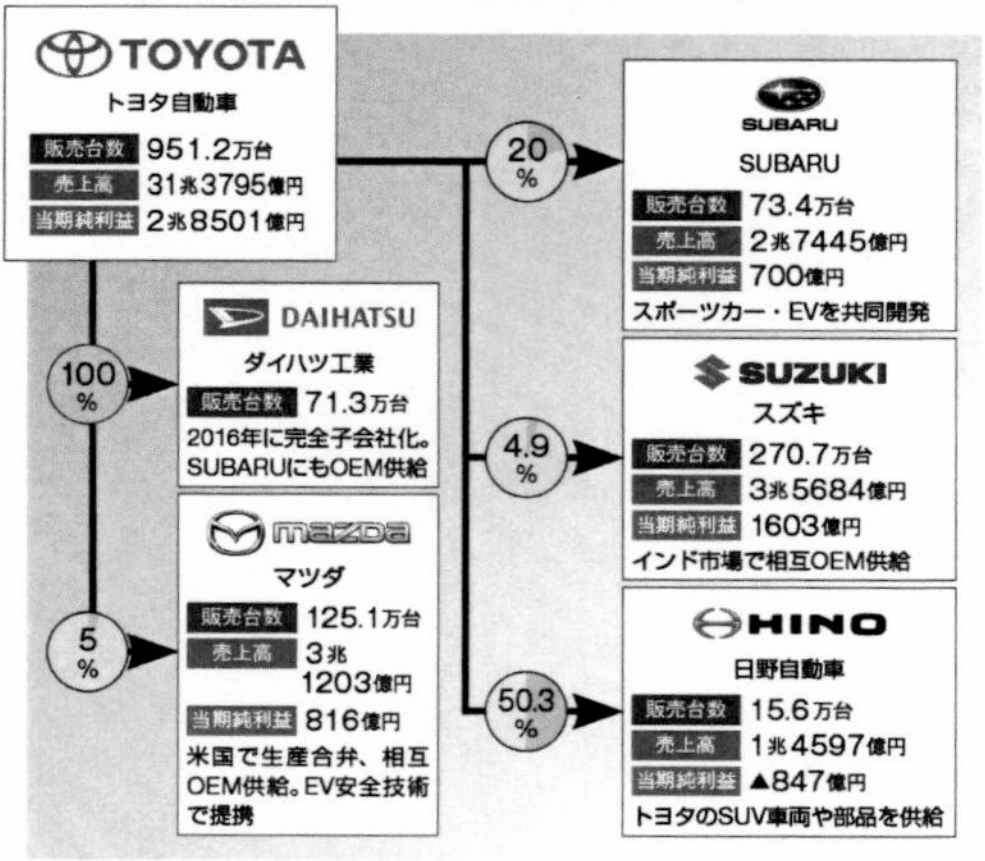

(注)2022年3月期。%は各社へのトヨタの出資比率。▲はマイナス　(出所)会社資料を基に東洋経済作成

【試練3：販売】ついに始まったディーラー選別

進む販売体制の締め付け

「新車の販売台数が減り、最近は赤字の月もある」

トヨタ系列の有力販売会社社長は苦渋の表情を浮かべる。実は、現在どの販社もこうした苦しい状況に追い込まれているという。

なぜか。要因は一向に上向かない生産状況にある。トヨタの4～6月の国内新車販売台数は部品不足による生産調整が響き、前年を2割も下回った。販社は受注時ではなく顧客に納車するタイミングで売り上げが立つ。自動車保険やローンの手数料収入、メンテナンスパックなども新車販売とセットで得られるため、新車の供給難は経営に直接響いているのだ。

現在は納期が6カ月以上の新車も少なくない。とくにハイブリッド車（HV）の納期は延びている。22年1月に発売されたミニバンの「ノア」や「ヴォクシー」のH

Vは、納車まで1年かかる。高級ミニバンの「アルファード」や「ヴェルファイア」はモデル切り替えが来春の予定だが、現行モデルの受注残解消に時間を要することを見越して受注を停止。売れ筋の「カローラクロス」のHVも5月末に受注を止めた。都内の販売店の営業スタッフは「HVは納車に時間がかかるので、ガソリン車を薦めることも多い」と話す。

販売店では顧客への新車供給を優先するため、展示車も十分に並べることができない。都内の販売店の店内には商用車の「プロボックス」が並ぶ珍事も。愛知県の販売店の店長は「最近では新車の代わりに、程度のよい中古車を並べる店も出てきている」と言う。

トヨタの国内の受注残は現在80万台弱。2021年末で約50万台だったが、この半年で30万台も増えた。SUV（スポーツ用多目的車）のラインナップ強化が奏功して販売計画以上の受注が入った。

2020年5月に実施した全車種併売化も拍車をかけた。一部車種に人気が集中したのだ。トヨペット店の専売だった「ハリアー」や「アルファード」が最たる例。トヨペット店以外の3チャネルは「垂涎の的」だった車種を取り扱えるようになり、各販社がこぞって販売に力を入れた。併売化前から人気車種の需給逼迫を懸念する声があったが、不安が的中し、納期を長くする要因になった。

2021年6月まで国内販売事業本部の副本部長だった長田准・執行役員も「受注の変化に追随できていないという点で、全車種を併売する知見がまだたまっていない」と反省の弁を語る。

膨らんだ受注残の短期的な解消策は挽回生産しかない。そのうえで、併売化で生じた課題を解決すべく、トヨタは流通改革を加速する。長田氏は「販売規模に対して乗用車の車種数が多い」と指摘する。米国は年間販売が250万台規模で19車種を展開するのに対し、国内は150万台規模で30車種。2002年の72車種の半分以下だが、効率化の余地はある。

マージン変動制を導入へ

併売化に続き、現在導入準備が進むのが車両価格や販売店へのマージンを変動させる制度だ。マージンとは車両価格と卸売価格の差額に当たり、その分が販売店の粗利益になる。「一部例外はあるが、トヨタ系販社のマージン率はガソリン車で新車価格の18％、HVで16％が基本。販社間での違いもない」（トヨタ系販社社長）という。

このマージンを商品戦略や需給の逼迫度、原材料高騰の状況に応じて変動させる。まず、車種ごとの変動。「スープラ」や「ランドクルーザー」といった、競合が少なくブランド力の高い車は高価格かつマージンを低く設定。「アクア」や「ノア」「ヴォクシー」のような、量で稼ぐ大衆車は、価格を抑えマージンは高める。

同一モデルでもフルモデルチェンジ直後のように需給が逼迫する場合はマージンを下げ、モデル末期にはマージンを上げるとともに販売価格を引き下げる。ディーラーは増えたマージンを値下げの原資にも使えるので、販売意欲の引き上げにつながる。

このマージン変動制は2022年秋ごろに発売を予定する新型「クラウン」から導入される。関係者によると、販売初年度のマージン率は最上級グレードが10％、その他のグレードが12％だ。モデル通期のマージン率も決まっており、「モデル末期はおそらく最上級グレードが14％、もう一方が16％になるだろう」とある販社社長は予測する。

■需給逼迫度やモデルの鮮度に応じてディーラーマージンや販売価格を変動させる

これまで　すべての車種が需給にかかわらず同一マージン

1 車種によるマージン率変化

ハイブランド車・少量生産車	高価格で低マージン
量販車・大衆車	低価格かつ高マージン

2 需給によるマージン率変化

需給逼迫・新型投入時	高価格で低マージン
需給緩和・モデル末期	低価格かつ高マージン

新型クラウンから導入へ

ほかにも…
資材高騰や規制に対応したマージン変化
リスクを取ってトヨタの戦略に挑戦した販売店の優遇などを検討

流通改革で受注残の縮小とともに目指すのが「ＶＣ（バリューチェーン）掌握100％」だ。車両の販売から、メンテナンス、ファイナンス、中古車の下取り・再販に至るまで、車１台から生み出される利益をすべて取り込むことを目指す。

とくに力を入れたいのは個人客向けのリース事業や中古車事業だ。トヨタの販売店で新車を買った顧客が車を乗り換える際に下取り車を同じ店に持ち込む割合は60％。40％は中古車専業店への流出を許している。

中古車専業店と競争するには、トヨタの販社側で魅力的な下取り価格を提示する必要がある。トヨタは販社が持っている中古車の在庫を共有化してオンライン販売する取り組みも進めているが、全国に約5000店ある販売規模のメリットを十分に生かせていない。

ラインナップの豊富さで他社系列を圧倒するトヨタ販社。今や国内の登録車のうち50％を超えるシェアを誇る。そんな勝ち組であっても、少子高齢化によるドライバー人口の減少で経営環境の悪化は避けられない。

地域の販売店がなくなると、アフターサービスも提供できなくなる。ＶＣ掌握

100%は、新車販売が減っても稼げる体質への転換を販社に対し促す取り組みだ。

新制度について、販社側は「スムーズに需給調整を行う手段として導入するのであれば異論はない」とおおむね理解を示す。その一方、販社各社が警戒感を示すのが、トヨタが導入を検討している「マージン加算」制度だ。トヨタが推奨する新たな施策にリスクを取ってでも取り組んだ販社にはマージンを加算するというものだ。「マージン加算制が本格的に導入されると販社の収益力に差がつくだろう」（前出のトヨタ系販社社長）といった声や「マージン加算制はトヨタの取り組みに対する貢献度や実践度を問うもの。ある種の踏み絵」（有力販社社長）との指摘もある。

経営難の販社に幹部を…

現在、トヨタの国内販社は247社。東京の直営販社1社を除き地場資本だ。古くからその地域で事業を行う名士的な存在の経営者も少なくないが、容赦ない選別も進みつつある。

前出のトヨタ系販社社長が打ち明ける。「経営的に芳しくなく後継者問題も抱えているある販社に、トヨタの国内営業部門の幹部が直接入り込んでいる。おそらく同じ県や隣の県の販社に『買いませんか』と打診するだろう」。

新車市場が縮小すれば、トヨタの国内販社同士での再編は必至ではある。ただ、こうした動きについて、この社長は「販社の経営にメーカーが首を突っ込むのは、その意図を含めてややこしくなる」と戸惑いを隠せない。

トヨタの国内販社では21年春以降、不正車検が相次ぎ、これまでに39社で約7000台の不正が発覚している。系列販社の模範になるべき東京の直営販社でも不正車検が明らかになり、トヨタは厳しく批判された。

不正車検はVC掌握100％を目指す中で露呈したほころびだ。佐藤康彦・国内販売事業本部長（当時）は「流通改革の中で台数やシェアなど数字を追いかけることが先行していた。メーカーの責任を感じている」と陳謝した。

EV専業の米テスラが2021年にトヨタを上回る12％の営業利益率をたたき出すなど業界の景色が激変している。豊田章男社長は21年秋、販社の代表者を集めた会議で「変化できる者だけが生き残れる。車の売り方も、収益の仕組みも、経営のあり方も、私たちの業界だけが過去にとらわれているわけにはいかない」と述べるなど、危機感はかつてなく強い。

（木皮透庸）

トヨタ初のＥＶは多難な船出

２０２２年は日本の自動車メーカーが相次いで電気自動車（ＥＶ）を投入する「ＥＶ元年」だ。日産自動車と三菱自動車が共同開発した軽自動車ＥＶは６月１６日の発売から１カ月が経過し、受注台数は合わせて約２万６０００台と両社の想定を大きく上回る。

トヨタも5月、同社初の量産型ＥＶ「ｂＺ４Ｘ」を発売。初めてＥＶを市場に本格投入するとあって注目を集めた。だが、その出足は必ずしも好調とはいえない。

トヨタは個人向けと法人向けを合わせ、年内の納車が可能な第1期分を３０００台としたうえで、秋口に第2期の申し込みを受け付け、初年度は５０００台分の生産・販売を予定していた。ただ、第1期分３０００台に対し、6月中旬時点の受注は約

1700台にとどまる。販売会社からは当初、「第1期分は瞬間蒸発する」との声が上がっていたが、ふたを開けてみると厳しい状況が浮き彫りとなった。

トヨタ初の量産EVがなぜ苦戦しているのか。理由は個人向けの伸び悩みだ。法人向けについては、「bZ4Xを社長車として注文する例が多く、『クラウン』からの乗り換えも少なくない」とトヨタ系販社社長は指摘する。「当初の枠450台が受注開始1時間で埋まり、1000台に拡大した枠も数日で埋まった」(同)というほど好調だ。

一方で、法人向けより販売台数が期待できる個人向けについては、「受注台数は法人向けの7割ぐらいでは」と別の販社社長は打ち明ける。ネックになっているのが、サービス展開の方法だ。個人向けはこれまでのような車両販売ではなく、サブスクリプション(定額課金)サービスに絞った形で展開する。「月額利用料金や申込金(77万円)が高い」ということ、そして「自己所有をしたいのにできない」ということが伸び悩む大きな要因のようだ。

トヨタが展開するサブスクサービス「ＫＩＮＴＯ（キント）」は、自動車税や車検費用、自動車保険料などを含めた金額を一定期間中に月定額で支払い、契約期間が済むとその車を返却する仕組みだ。ｂＺ４Ｘも毎月の利用料を払って利用する。車両本体価格６００万円のタイプの月額利用料は当初4年固定で８万８２２０円（国の補助金適用後）。5年目以降は毎年下がっていく。国の補助金の適用を受け、専用プランの最長期間である１０年間利用した場合の月額利用料の合計は約８７０万円となる。車検費用や税金など、車の維持費が全部含まれているとはいえ、自分の所有物にはならず、消費者には割高と判断されたようだ。

国内発売がｂＺ４Ｘと同じ5月１２日で、競合する日産の新型ＥＶ「アリア」は5月末時点で４９７３台を受注。これから発売する別グレードの予約受注はすでに５６００台に上り、合わせると1万台を超える。こちらは従来の販売手法で滑り出しは悪くない。売り方か商品性か、ｂＺ４Ｘに課題があるのは明らかだ。

さらに、ｂＺ４Ｘにはリコールという新たな問題も発生している。対象車両は展示車や試乗車で、エンドユーザーには1台も納車されていない。ただ、現時点で不具合の原因は特定されておらず、生産や出荷を停止している。キントの運営会社はbZ4Xの認知度向上へ6月以降、大規模な試乗イベントを順次開催する予定だったが、今回のリコールを受けて中止を決定した。トヨタの期待の新型EVは多難な船出となった。

軽EVには想定外の需要

一方で、日産と三菱自が販売する新型軽EVの受注台数は7月時点で日産が約2万3000台、三菱自が約5400台と両社ともに想定を大きく上回る好調ぶりだ。

「ブルーバードやスカイラインといった往年の主力車種がヒットしたときのような異次元の売れ行き」（首都圏の日産系販社幹部）「EVで最も身近なモデルとして受け入れられ、目標を上回る数字だ」（九州地方の三菱自系販社担当者）。販売現場からは手応えを感じる声が多く上がる。日産幹部も「軽EVのコンセプトそのものが支持されている」と分析する。

車の評価に加えて、躍進の原動力は手頃な価格設定だ。

日産が「サクラ」、三菱自が「eKクロスEV」として販売する軽EVは、価格を最も低いグレードで230万円台に設定した。bZ4Xやアリアが500万円以上なのに対して、価格が競争力を左右する軽自動車モデルということもあって価格の低さが際立つ。国や自治体の補助金を活用すれば200万円を切る価格で購入できる。

満充電時の航続可能距離は一般的なEVに比べて半分程度となる約180キロメートルだが、これは生産コストのうち大きな割合を占める電池の搭載量を抑えたため。通勤や通学、送迎など短距離の利用を想定し、2台目や街乗り需要をターゲットとしている。

価格を抑えることがEV普及のカギになるとの見方は、業界内にも根付きつつある。EV用モーターで攻勢をかける日本電産の永守重信会長は、6月17日の株主総会でEVの価格について言及。「現状では高すぎる」としたうえで「600キロも走れる必要はない。使用状況を考えれば100キロ走れれば十分」と話した。

そもそもトヨタがbZ4Xの個人向けをキントのみで展開したのには、電池の劣化や下取り価格、メンテナンスに懸念を持つ消費者の不安を払拭する狙いがあった。車両をメーカーの管理下に置くことで車載電池のリサイクルも進めやすくなる。また、ソフトウェアやハードウェアの更新にも対応しやすくし、新車を売って終わりの現行ビジネスから脱却し、販売後も継続的に稼ぐ収益モデルの確立も模索している。

■2022年はEVの発売が相次いだが、売り方はさまざまだ
—自動車メーカー各社の国内でのEV販売手法—

	販売／サービス手法	受注台数	発売日
bZ4X トヨタ自動車	法人向けはリース販売、個人向けはサブスクサービス「KINTO」を展開	約1700台	5月12日
アリア 日産自動車	売り切りでの販売以外に、残価設定型ローンなどにも対応。ネット販売も	4973台 （予約受注5600台）	5月12日
サクラ 日産自動車	売り切りでの販売以外に、残価設定型ローンなどにも対応。サブスク展開も検討	約2万3000台	6月16日
ソルテラ SUBARU	売り切りでの販売以外に、残価設定型ローンやリース販売などにも対応	約500台	5月12日
eKクロスEV 三菱自動車	売り切りでの販売以外に、残価設定型ローンに対応。楽天を通じたネット販売も	約5400台	6月16日

（注）bZ4Xとソルテラはリコールで受注停止中。受注台数は７月時点で判明しているもの
（出所）各社の公表情報や取材を基に東洋経済作成

トヨタは現状、個人向け受注が伸び悩む状況を静観している。ある日産系販社の社長は「日本でＥＶが普及するかどうかはトヨタ次第だ」と語る。国内新車市場の半分を握る絶対王者だけに、従来の現金一括支払いや残価設定型ローンでの販売を含めて、トヨタがＥＶを国内でどう展開するかに日本のＥＶシフトは左右されそうだ。

（横山隼也、木皮透庸）

複雑極まるグループ統治

会長にトヨタの豊田章男社長。取締役に同CFOの近健太副社長、豊田自動織機の大西朗社長、豊田通商の加留部淳元社長・会長――。売上高が158億円(2022年3月期。以下同)にすぎない小さな会社の役員欄にトヨタグループの大物がひしめく。

この会社は旧東和不動産。4月にトヨタ不動産へ社名変更した。表の顔はデベロッパーだ。名古屋駅前の「ミッドランドスクエア」や今秋開業の「富士モータースポーツフォレスト」を手がけている。

旧東和にはもう一つの顔がある。それはトヨタ系企業株の保有会社の顔だ。旧東和の総資産は1兆1553億円。その大半に当たる1兆0530億円は「投資その他の資産」。さらにその中身は自動織機やデンソー、アイシン、豊田通商、トヨタ紡織の株だ。

旧東和の営業利益37億円に対し経常利益は268億円。営業外収益の多くはトヨタ系企業からの配当収入とみられる。

旧東和の株主は15社。トヨタ単独が19・46％、子会社と合計で24・46％出資。自動織機やデンソーなどトヨタグループの中核を成す上場企業も出資しているが、トヨタ以外の保有割合は不明だ。

旧東和は非上場企業だが、上場企業も大同小異だ。トヨタ系の上場企業はトヨタからの出資が表面上、低く抑えられている。例えばトヨタ紡織。系列企業との合算では53％弱なのに、トヨタ1社で31％にすぎない。

一方で、トヨタ系企業にはトヨタやグループ企業から、役員として大量に送り込まれている。トヨタ紡織では、豊田周平会長を含め4人の取締役、3人の監査役がトヨタOB。役員に占めるトヨタ関係者の割合は62％だ。

■グループで株を持ち合い、重要ポストに納まる —出資元と出資先企業の役員就任状況—

出資元企業 (%)

役員数でトヨタ関係者の人数を割った割合

出資先企業	トヨタ自動車	トヨタ不動産	豊田自動織機	デンソー	アイシン	ジェイテクト	豊田通商	愛知製鋼	出資合計	トヨタ比率(%)	グループ内からの役員就任状況
トヨタ自動車			8.65	3.26					11.91		
トヨタ不動産	24.46		有	有	有	有	有	有	不明	83	代会 内取 内取 内取 監査
豊田自動織機	24.67	5.25		9.55	2.12		4.93		46.52	30	代会 外取 外監
デンソー	24.75	4.36	9.08		1.64				39.83	8	内取
アイシン	24.80	2.35	7.68	4.81					39.64	17	代社 外取
ジェイテクト	22.52		2.28	5.36			1.74		31.90	50	代社 内取 外取 常監 外監
豊田通商	21.69	0.91	11.18						33.78	15	会長 外取
愛知製鋼	23.92	2.34	6.90						33.16	40	代社 代副 外監 外監
トヨタ紡織	31.00	9.82	4.15	5.45			2.44		52.86	62	代会 副会 代社 内取 外取 常監 常監 外監
豊田合成	42.82			0.77					43.59	50	内取 内取 内取 外取 常監 外監 外監
日野自動車	50.14			0.71					50.85	33	代社 内取 常監 外監
大豊工業	33.35		4.92		1.03		3.69		42.99	44	代社 代副 外監 外監
愛三工業	28.75		7.57	8.73					45.05	46	代社 内取 内取 外取 外監 外監
トリニティ工業	35.87		1.22				3.53		40.62	56	代社 代副 専務 専務 常務 常務 外取 外監 外監
ファインシンター	20.90			5.01	3.08				28.99	55	代社 専務 常務 常務 外取 外監
共和レザー	34.69						6.45		41.14	47	代社 常務 常務 内取 外取 常監 外監 外監
東海理化	32.16			9.71					41.87	55	代社 内取 外取 常監 外監 外監
中央発條	24.71							7.68	32.39	44	代社 内取 外監 外監
フタバ産業	31.39								31.39	45	代社 内取 外取 外取 常監
小糸製作所	20.00								20.00	8	専務
中日本興業	5.65	7.53							13.18	25	外取 外監
SUBARU	20.02								20.02	0	

(注) 数値は自己株を除く所有割合。トヨタ不動産のみトヨタ自動車以外は出資の事実以外不明。順不同。トヨタ不動産は非上場、中日本興業は非持ち分、日野自動車のみ子会社 (出所)各社「有価証券報告書」「招集通知」を基に東洋経済作成

赤字は経営トップ
代会：代表取締役会長
内取：社内取締役
会長：代表権のない会長
副会：副会長
外取：社外取締役
代社：代表取締役社長
常監：常勤監査役
代副：代表取締役副社長
外監：外部監査役
監査：監査役

現役のトヨタ自動車役職員
トヨタ自動車OB
トヨタグループ企業の役職員・OB

多くの役員を受け入れているのに、トヨタ系の上場企業の多くは子会社ではなく、持ち分法適用会社（以下「持適会社」）だ。なぜか。

会社法によれば、子会社の出資分は親会社と合算する。が、持適会社は加算しない。出資割合が4割以上の会社に経営陣を5割超送り込めば子会社と見なされる。これにはOBを含む。が、グループ企業出身者や監査役は含めない。

これらの除外規定に基づき、トヨタ系の上場企業のほとんどが持適会社なのだ。トヨタは「先方の依頼に基づき人選」した結果であり、「各社の役員体制は各社の判断」だと言う。それにしては見事な子会社化回避ではないか。

上場企業として不相応

「トヨタは系列の範囲を絞りつつ、現行制度の下でできることを堂々とやり、グループの強みを温存している」。会社法に詳しい東京大学の田中亘教授はそう評価する。一方で「(トヨタ系上場企業の多くは) 実質子会社といえる。系列企業をコントロールできるトヨタに対して、忖度せずに、従業員と少数株主の利益をどう守るかが担保されない限り、トヨタ系企業は上場企業としてふさわしくない」と青山学院大学の八田進二・名誉教授は手厳しい。

外部の目で経営を監視する社外役員の出番だが、どうも期待できそうにない。ポストが半ば固定化されており、報酬も高額だからだ。クビになれば出身母体に申し訳が立たない。5000万円近い報酬は逃すには惜しい。

■半ば固定化した社外ポスト —トヨタ自動車の歴代社外役員—

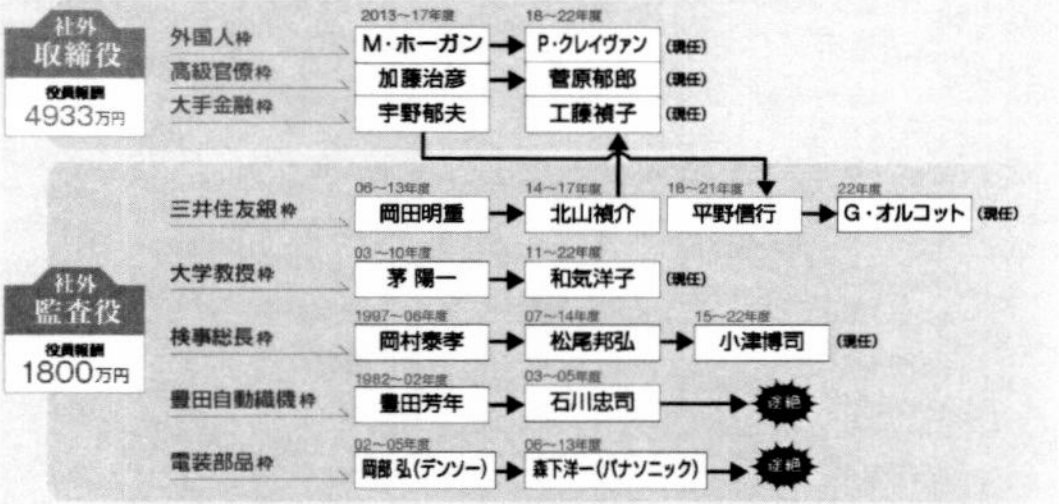

(注)敬称略。枠の名称は東洋経済が独自につけたもの。役員報酬は2021年度実績の1人当たり平均　(出所)各期「有価証券報告書」を基に東洋経済作成

それでも社外役員は苦言を呈すべきだろう。「トヨタと系列企業がウィンウィンの関係にある現状では大きな問題ではないかもしれない。が、将来、グループ全体の経営環境が変化し、トヨタと系列企業との利害が相反する局面になると、話は変わってくる。危機的事態においては、ガバナンス不全が致命的要因になるおそれがある」（郷原信郎弁護士）からだ。

日本を代表する企業であるトヨタには、より透明度の高いグループ統治のありようを示すことが求められている。

（山田雄一郎）

トヨタは「全方位戦略」で勝てるのか

富士スピードウェイ（FSW）で6月4、5日に行われた24時間耐久レースは、さながら次世代エネルギー車のアピールの場となった。トヨタは水素エンジン車と合成燃料で走る車を走らせた。SUBARUやマツダ、日産も合成燃料やバイオ燃料で走る車両で参戦。会場ではほかにも、液体水素を搭載した水素エンジン車（レース参戦車両は圧縮した気体水素を使用）や液体水素ステーションの展示があった。

レーシングドライバー「モリゾウ」として知られるトヨタの豊田章男社長も水素エンジン車のハンドルを握った。その抜群の発信力を生かして「敵は炭素、内燃機関ではない」と集まったメディアやモータースポーツファンに訴えた。

敵は炭素――2021年、耐久レースに水素エンジン車で参戦した豊田社長が打ち出した言葉だ。以降、日本自動車工業会の記者会見などでも、この言葉を使っている。

エンジン悪者論にNO

カーボンニュートラル（CN）への対応が世界の社会課題になる中、自動車業界では電気自動車（EV）シフトを急ぐ圧力が高まっている。反作用として、二酸化炭素（CO2）を含む排ガスを出す内燃機関（エンジン）を悪者扱いする傾向がある。2030～35年を目安に脱エンジン政策を打ち出す国が、欧州を中心に出てきている。

こうした流れに対しトヨタ、そして豊田社長は異を唱えているのだ。EVだけでなく、エンジンでも脱炭素へ至る道筋はある。エンジンを敵視しないでほしい、と。

結論から言うと、この主張は間違っていない。CN燃料を使えばエンジン車の脱炭素は可能だ。生産・加工方法次第では、水素やバイオ燃料、合成燃料（CO2と水素を人工的に合成して作る燃料）などはCN燃料になりうる。

もっとも、「可能」であることと「普及」の間に大きな溝がある。

FSWでの記者会見でトヨタの佐藤恒治執行役員は、現在開発中の水素エンジン車を「4合目」と表現したが、市販時期を示すことはなかった。市販可能な車両ができて、ようやくスタート地点。そこから先も長い。

トヨタが水素を使う燃料電池車（FCV）「MIRAI（初代）」を市販して7年以上経つ。だが、水素ステーション整備の難易度は高く、普及には程遠い。もっと言えば、水素だからといってCN燃料とは限らない。化石燃料を使わず、再生可能エネルギーのみで製造した水素こそCN燃料といえる。

トウモロコシやサトウキビから作るバイオ燃料は一部の国で導入されているが、増産には食料とのトレードオフを解決する必要がある。非食用植物や廃棄物由来のバイオ燃料は実用化の手前だ。

対して、量産モデルの市場投入から10年以上経つEVは、着々と販売台数を増やしている。航続距離や充電時間、充電ステーションなど、依然として課題は多いが、普及段階に入ったといっていい。

米ボストン コンサルティンググループ（ＢＣＧ）が6月に発表したリポートで、2１年に世界の新車販売に占めるＥＶの割合が6％に達した。中国や欧州では１０％前後に届いている。

ＢＣＧは３０年には全世界で３９％、２０３５年には５９％がＥＶになると予測している。２０２1年4月のリポートでの２０３０年に２８％、３５年に４５％の予測から上方修正した。ＥＶの普及が早まるとみているわけだ。ＢＣＧの滝澤琢マネージング・ディレクター＆パートナーは、予測を修正した理由として、「欧米の規制圧力の強化、ＥＶの総所有コストの低下、自動車メーカーによるＥＶラインナップの強化と消費者の変化がある」と説明する。

2025年には世界の新車販売のうち、20%がBEVに
—新車世界販売台数に占める駆動システム別の割合予想—

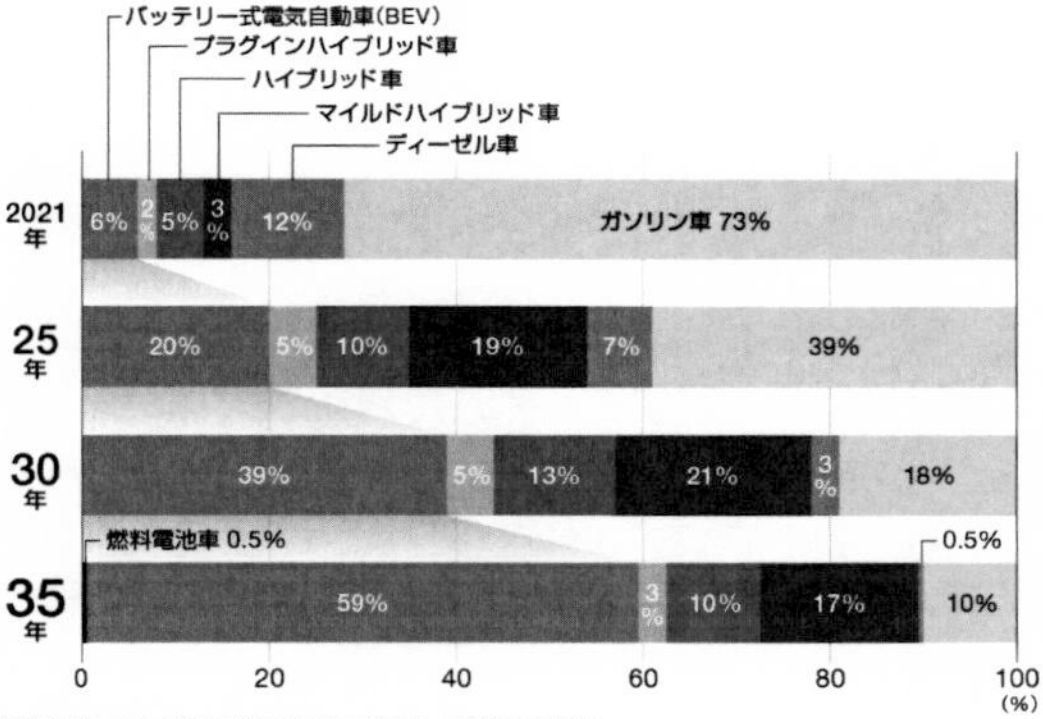

(注)乗用車、スポーツ用多目的車(SUV)などを含む。大型商用車は除く
(出所)ボストン コンサルティング グループ分析

次世代車の普及をレースに例えれば、EVはスタートを切ってスピードが上がり出した。一方、水素エンジン車の実用化や合成燃料の商用化は出走のメドが立っていない。普及は社会インフラとセット、購入後は10～15年使われるという自動車の特性を考えれば、将来の自動車市場はEVが中心となる可能性が高い。

だからこそ、EV専業で100万台メーカーに成長した米テスラが高い評価を受けている。テスラの株価は21年の最高値から3分の2に下落したものの、株式時価総額は115兆円もある。これは2位のトヨタの約3倍、自動車業界で圧倒的なトップである。

欧米、中国の自動車大手はテスラに後れまいとEV強化に走る。独フォルクスワーゲンは2021年に40万台超のEVを売った。トヨタは1・4万台。世界から明らかに出遅れている。

もちろんトヨタとてEVに力を入れていないわけではない。

2021年12月には30年にグローバルで年間350万台のEVを販売する目標を発表した。21年5月に出した200万台目標をわずか7カ月で150万台も上積みしたことになる。同時に16車種のEVをお披露目し、集まったメディアの度肝を抜いた。「ほとんどがここ数年で出てくるモデル」と豊田社長は胸を張った。

一般に海外メーカーは過大な目標をぶち上げることをいとわない。対して、トヨタは数値目標を出すこと自体を避け、出す場合は保守的な目標とする傾向にある。そんなトヨタがついにEVに本気になったのだから、期待は高まる。

■ EVの販売台数でトヨタは大きく出遅れた

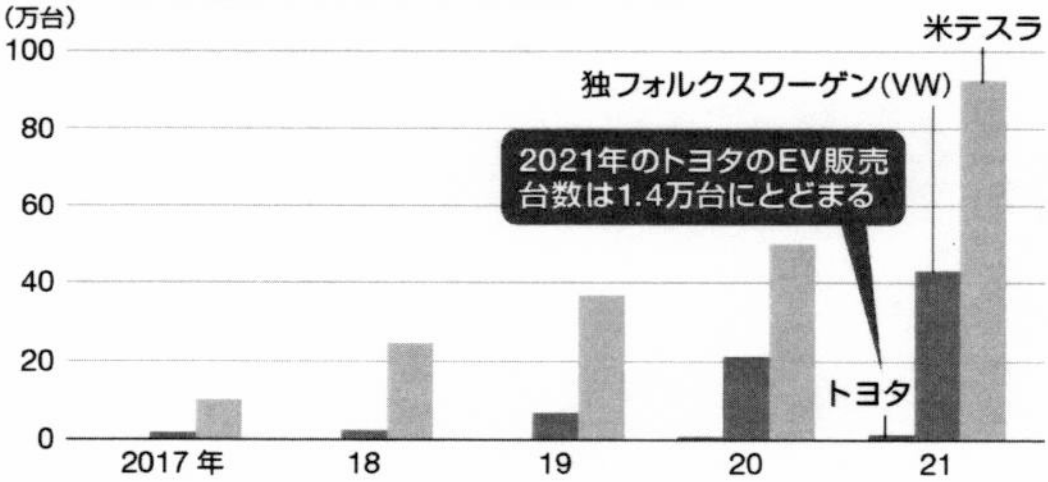

（出所）トヨタとテスラは会社資料、VWはマークラインズ

つまずいた初の専用EV

トヨタは20年以上、HVに取り組んできた。自動車の電動化技術、電池やモーターを使いこなす実力は突出しており、EVの出遅れなどすぐに取り戻せる――トヨタ関係者はそう主張していたし、周囲もそう考えてきた。

しかし、満を持して投入したEV専用モデル「bZ4X」はスタート直後からつまずいてしまった。タイヤを取り付けるハブボルトというEVとは無関係の部品のリコールによる受注停止が原因だが、そもそもbZ4Xの商品性がライバルEVを圧倒するといった評価は聞こえてこない。

もちろん、EVをめぐるメーカーの競争はまだ序盤戦。トヨタもEVの経験を積んでいけば、本当の実力が発揮されるに違いない。それでも、一抹の不安が消えない。

「燃料電池も本気、プラグインハイブリッドも本気。全部本気です」とテレビCMで豊田社長が言うように、トヨタは次世代車では「全方位戦略」を掲げる。またトヨタほどあらゆる地域で自動車を販売するメーカーはなく、その責任感から「トヨタは、世界中のお客様に、できるだけ多くの選択肢を準備したい」（豊田社長）と考えている。だから、水素エンジン車などにも本気で取り組んでいるのだ。

気持ちはわかる。とはいえ、それぞれの選択肢に対するリソース配分は最適なのだろうか。気になるのは、EVへの嫌悪感が先立っているように思える点。「敵は内燃機関ではない」を強調するあまりか、EVの欠点をあげつらう発言が頻繁に聞かれる。

100年間磨いてきたエンジン車はガソリン（と軽油）の供給網を含めて完成度が高い。それと比べてEVに欠点が多いのは仕方がない。ただ、ほかの選択肢はEV以上に課題が多い。強みであるエンジンの存続への願望がEVへの心理的抵抗になっているとしたら、巻き返しには苦労するだろう。

どの選択肢も課題は山積み —自動車の脱炭素への主な選択肢—

	EV（電気自動車）	FCV（燃料電池車）	水素エンジン車	HV（ハイブリッド車）
普及	○	△	×	◎
航続距離	△ 幅あり	○	現時点では短い	◎
充電・充填時間	△	○	○	○
車両コスト	△ 低下傾向	高い	不明	○
充電・充填インフラ	△	×	×	○
走行時CO_2	○	○	○	×
課題	電力のグリーン化	グリーン水素の調達	グリーン水素の調達	脱炭素にならない

（出所）各種資料を基に東洋経済作成

合成燃料などを実用化すれば脱炭素に道

懸念事項はもう1つ。日本全体への影響だ。2022年6月、岸田文雄政権が鳴り物入りで打ち出した「新しい資本主義のグランドデザイン及び実行計画」。GX（グリーントランスフォーメーション）およびDX（デジタルトランスフォーメーション）の取り組みの中で、自動車についてはトヨタの主張がほぼそのままの表現で記載されていた。

政府が毎年発表する「骨太の方針」では、2021年までは自動車についてわずかな記載しかなかった。日本経済を牽引する自動車産業と政府の足並みがそろったことになるが、喜んでいいのかわからない。

日本政府は2030年にCO2排出量を13年比で46％削減、50年にはCN実現を対外公約としている。自動車業界を中心に「火力発電の電力を使う以上、EVはCNではない」という主張がある。火力中心ならそのとおり。だが、CNを実現するには、再エネ中心の電源構成に変わっていくはずだし、変えていかなければならない。

電力がCN化すれば、EVは燃料から走行時までの脱炭素が見えてくる。そもそも水素や合成燃料も、CN化には生産時の使用電力の脱炭素化が必要である。そのこと自体茨の道だがほかに道はない。

目下、日本は電力不足に直面している。電力需給が逼迫する時間帯にＥＶの急速充電が集中すれば、停電を招きかねない。そうなる前に電力インフラの負担を軽くする充電ルールの導入が必要だ。充電時間をコントロールすればピーク電力をならすことができるはずだが、そうした対応も出てこない。

政府のＥＶに対する強いコミットが見られないため、充電ステーションの整備、ＥＶを社会が受け入れるルール作りが進まない。それがＥＶ普及を遅らせる悪循環となり、関連産業、例えば電池産業は競争力を失っていく。

ＥＶビジネスでは電力を含めたサービスプラットフォーマーが主導権を握る可能性が高い。日本がＥＶ普及で遅れれば、新たなサービスを海外勢に奪われる懸念があるだろう。

将来に不確実性がある以上、「多様な選択肢の追求」は否定しない。しかし、リソースが分散する全方位戦略で本当に勝てるのだろうか。

（山田雄大）

【週刊東洋経済】

本書は、東洋経済新報社『週刊東洋経済』2022年8月6日号より抜粋、加筆修正のうえ制作しています。この記事が完全収録された底本をはじめ、雑誌バックナンバーは小社ホームページからもお求めいただけます。

小社では、『週刊東洋経済eビジネス新書』シリーズをはじめ、このほかにも多数の電子書籍ラインナップをそろえております。ぜひストアにて「東洋経済」で検索してみてください。

『週刊東洋経済eビジネス新書』シリーズ

No.403　ニッポン再生　7つの論点
No.404　マンション管理
No.405　学び直しの「近現代史」
No.406　電池　世界争奪戦
No.407　定年格差　シニアの働き方

No.408　今を語る16の視点　2022
No.409　狙われる富裕層
No.410　ライフシフト超入門
No.411　企業価値の新常識
No.412　暗号資産&NFT
No.413　ゼネコン激動期
No.414　病院サバイバル
No.415　生保　最新事情
No.416　M&Aマフィア
No.417　工場が消える
No.418　経済超入門　2022
No.419　東証　沈没
No.420　テクノロジーの未来地図
No.421　年金の新常識

No.422　先を知るための読書案内
No.423　欧州動乱史
No.424　物流ドライバーが消える日
No.425　エネルギー戦争
No.426　瀬戸際の地銀
No.427　不動産争奪戦
No.428　インフレ時代の資産運用&防衛術
No.429　人口減サバイバル
No.430　自衛隊は日本を守れるか
No.431　教員不足の深層
No.432　ニッポンのSDGs&ESG

週刊東洋経済eビジネス新書　No.433
独走トヨタ　迫る試練

【本誌（底本）】
編集局　木皮透庸、横山隼也、高橋玲央、林　哲矢
デザイン　池田　梢、小林由依
進行管理　下村　恵
発行日　2022年8月6日

【電子版】
編集制作　塚田由紀夫、長谷川　隆
デザイン　大村善久
表紙写真　尾形繁文
制作協力　丸井工文社

発行日　２０２３年9月7日　Ver.1

発行所　〒１０３‐８３４５
東京都中央区日本橋本石町１‐２‐１
東洋経済新報社
電話　東洋経済カスタマーセンター
０３（６３８６）１０４０
https://toyokeizai.net/

発行人　田北浩章
©Toyo Keizai, Inc., 2023

電子書籍化に際しては、仕様上の都合などにより適宜編集を加えています。登場人物に関する情報、価格、為替レートなどは、特に記載のない限り底本編集当時のものです。一部の漢字を簡易慣用字体やかなで表記している場合があります。本書は縦書きでレイアウトしています。ご覧になる機種により表示に差が生じることがあります。

本書に掲載している記事、写真、図表、データ等は、著作権法や不正競争防止法をはじめとする各種法律で保護されています。当社の許諾を得ることなく、本誌の全部または一部を、複製、翻案、公衆送信する等の利用はできません。

もしこれらに違反した場合、たとえそれが軽微な利用であったとしても、当社の利益を不当に害する行為として損害賠償その他の法的措置を講ずることがありますのでご注意ください。本誌の利用をご希望の場合は、事前に当社（TEL：03－6386－1040もしくは当社ホームページの「転載申請入力フォーム」）までお問い合わせください。

※本刊行物は、電子書籍版に基づいてプリントオンデマンド版として作成されたものです。